REVUE
DE
MÉTALLURGIE

MESURE DE LA PRESSION
MAXIMUM INSTANTANÉE RÉSULTANT D'UN CHOC

PAR

CH. FRÉMONT

(Extrait du numéro de Juin 1904.)

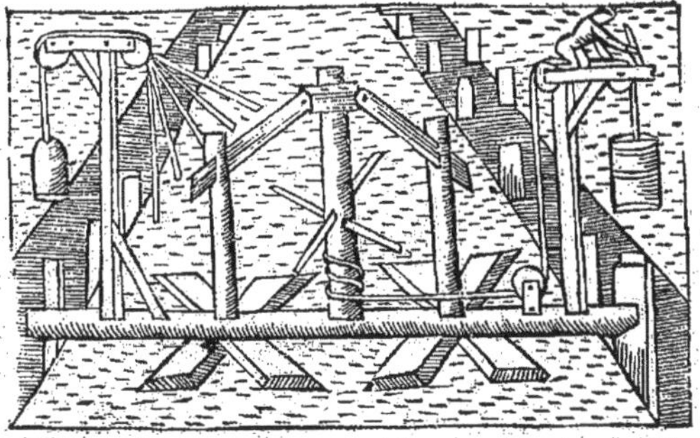

XVIe siècle. — Sonnette à tiraude et sonnette à déclic pour l'enfoncement des pilots (Gothius).

MESURE DE LA PRESSION MAXIMUM INSTANTANÉE
RÉSULTANT D'UN CHOC

PAR

M. CH. FRÉMONT

Les premières tentatives de mesure du choc paraissent remonter au xvIIe siècle ; *l'abbé Mariotte* (1620-1684) qui fit une étude expérimentale de la percussion, du mouvement des eaux, etc., imagina des dynamomètres (fig. 1

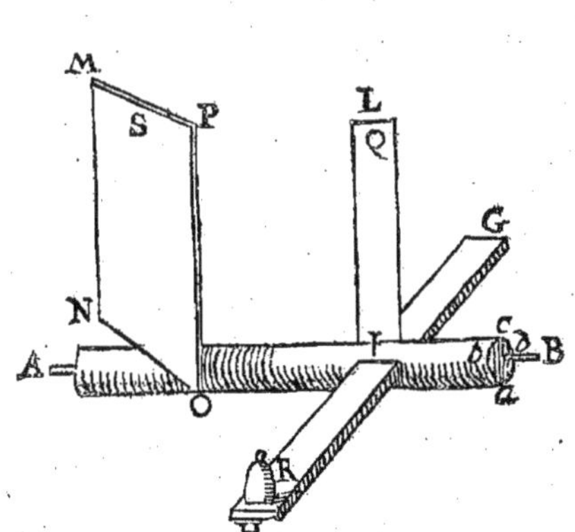

Fig. 1. — xvIIe siècle.
Dynamomètre de l'abbé Mariotte pour mesurer le choc du vent.

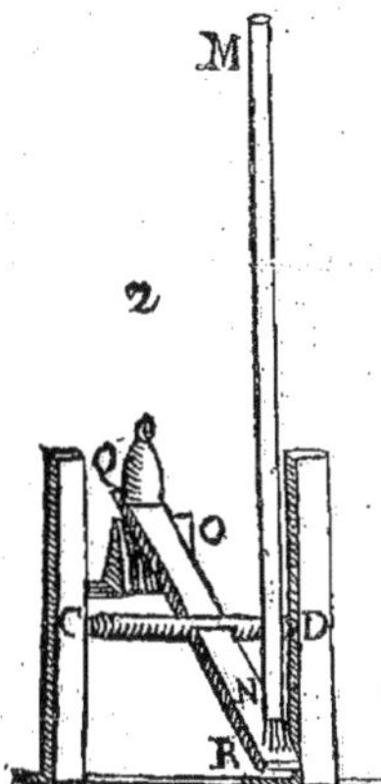

Fig. 2. — xvIIe siècle.
Dynamomètre de l'abbé Mariotte pour mesurer le choc de l'eau.

et 2) destinés à trouver le poids nécessaire pour équilibrer un choc produit par du vent et par de l'eau en mouvement.

Philippe de Lahire (1640-1718) dans son traité de mécanique publié en 1695, écrit à propos de la percussion (page 291) :

« On ne doute point que la percussion ne soit d'autant plus grande et ne fasse d'autant plus d'effort que le corps qui frappe est plus pesant et qu'il a plus de vitesse, puisque ce n'est que par la pesanteur et par la vitesse du corps jointes ensemble que se fait l'effort de la percussion.

« C'est pourquoi il n'est pas possible de comparer l'effort de la percussion avec celui de la pesanteur seule d'un corps : car ce serait faire la même chose que si l'on voulait comparer une superficie formée par une ligne qu'on aurait fait mouvoir par un espace avec une ligne toute seule.

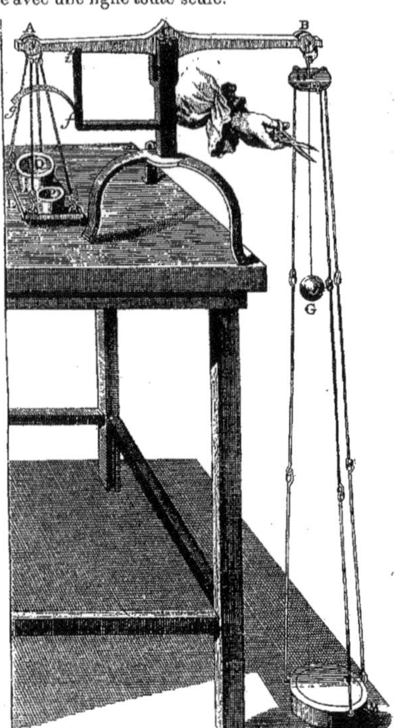

Fig. 3. — XVIIIe siècle.
Balance de Gravesande à l'aide de laquelle on mesure les hauteurs d'où il faut faire tomber une masse pour soulever un peu des poids déterminés.

« On peut pourtant faire quelques comparaisons particulières des efforts de la percussion avec ceux de la pesanteur, comme d'un poids qui peut avec une vitesse déterminée rompre une pièce de bois arrêtée horizontalement dans un mur en la rencontrant à une certaine distance du mur, avec un poids qui peut la rompre y étant appliqué dans le même endroit sans aucun mouvement, et n'agissant que par sa seule pesanteur. De même que si l'on attache un poids à une corde et qu'en le laissant tomber il bande la corde lorsqu'il sera parvenu à une certaine distance depuis son repos et qu'il puisse la rompre, on pourra faire ensuite la comparaison de ce poids à celui qui rompra la même corde y étant seulement suspendu et sans aucun mouvement... »

Gravesande, physicien hollandais (1688-1742) s'inspirant des expériences de l'abbé Mariotte imagina une balance spéciale à l'aide de laquelle il chercha les hauteurs d'où il fallait faire tomber une masse pour soulever un poids déterminé.

La figure 3, extraite de son traité de physique, paru à Leyde en 1720, représente cette balance.

Dans le plateau en fer L, un poids Q équilibre tout le système et un poids P doit être soulevé par le choc minimum d'une boule en cuivre G de masse connue, tombant d'une hauteur à déterminer par tâtonnements, sur une surface d'argile molle contenue dans le plateau de bois M.

Le fléau de la balance est maintenu horizontal malgré l'excès de poids dans le plateau L, grâce à un support; à ce support est fixé une petite lame élastique, qui à l'état libre est en $f\,g$, et qui bandée est maintenue en $f\,i$, son extrémité libre étant engagée dans une échancrure l pratiquée dans le fléau. Dès que le choc de la boule G, sur le plateau M, a produit une pression instantanée suffisante pour enlever le plateau L, le fléau oscille et dégage l'extrémité g de la lamelle élastique; le choc de la masse G tombant d'une hauteur connue a ainsi déterminé une pression instantanée équivalente au moins au poids P.

Après plusieurs tâtonnements, on trouve une hauteur de chute qui n'enlève pas le poids P quand une autre hauteur très voisine de la précédente, produisant un choc un peu plus fort, permet cette fois d'enlever le poids P.

Gravesande fit la remarque que cette hauteur de chute nécessaire pour équilibrer un poids donné, variait dans une certaine mesure avec la résistance de l'argile.

A la même époque, M. de Camus, gentilhomme lorrain, écrit (1) : « Quelques mathématiciens se sont contentés d'exposer, que l'on pourrait savoir, ce que vaut un coup de poing, en frappant sur un bassin de balance, et en mettant sur l'autre du poids. D'autres, que l'on pourrait évaluer un coup, en laissant tomber un poids pour casser une corde et en y mettant après autant de poids qu'il en faudrait pour la faire casser ou une pareille; mais cela ne décide pas du coup de marteau ni du mouton ».

M. de Camus montre par des expériences que « les effets de la chute sont différents sur différentes balances », que l'effet du coup de poing et du coup de marteau ne peut être mesuré par la balance, enfin qu'il n'y a pas de mesure ni de règle de l'effort que produit le poids par sa chute pour casser une corde.

M. de Camus décrit ensuite ses nombreuses et diverses expériences effectuées à l'aide de *crushers*, mais il ne put que comparer les effets produits par des chocs

(1) De Camus, *Traité des forces mouvantes pour la pratique des arts et métiers*. Paris, 1722, p. 128.

différents sur des balles de plomb, sans trouver la loi ou le principe solutionnant le problème.

L'idée d'utiliser le crusher pour mesurer l'intensité des chocs ne doit pas être personnelle à M. de Camus ; il est probable qu'elle est très ancienne.

Au xve siècle, Léonard de Vinci se servait de crushers en plomb, car dans un de ses manuscrits, on trouve la note suivante (1) :

« Si tu laisses tomber cent fois un marteau d'une livre de la hauteur d'une brasse sur une verge de plomb, et puis que tu prennes un marteau ou un autre poids, qui soit de la grosseur du marteau et de telle longueur qu'il pèse 100 livres et que tu le fasses tomber de même de la hauteur d'une brasse sur une verge de plomb semblable à la première, tu verras combien la verge du coup unique se trouve plus traversée que la première. »

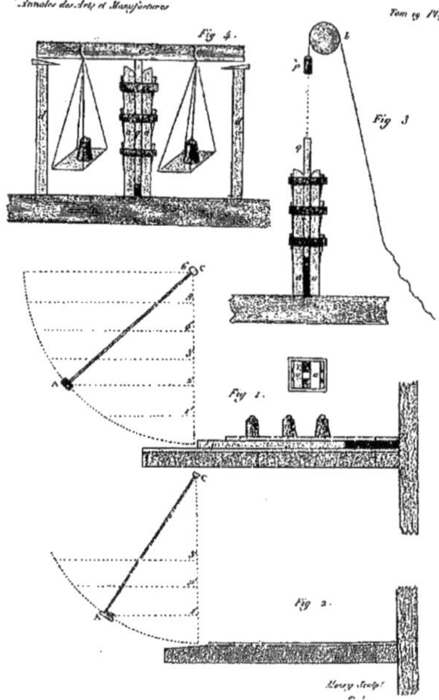

Fig. 4. — xixe siècle.
Expériences destinées à évaluer la pression maximum instantanée produite par le choc d'un mouton.

(1) *Manuscrits de Léonard de Vinci*, par Ch. Ravaisson-Mollien, t. I, f° 4.

Au XVIIIe siècle, l'usage fréquent des pilotis, dans la construction des ponts, notamment, fit remettre le problème à l'étude.

Des expériences entreprises en 1744 par Soyer, puis continuées par de Cessart en 1762 (1), n'avancèrent pas beaucoup la question, car Perronet dans son important ouvrage sur les ponts, paru en 1782, dit (p. 101) :

« On n'ignore pas combien il est difficile et vraisemblablement même impossible, d'établir mathématiquement aucun rapport entre les forces mortes et les forces vives, telles que la pression simple et la percussion que nous avons essayé de comparer ; aussi ne l'avons-nous entrepris que physiquement et d'après des expériences, pour faire connaître à peu près à quoi on peut l'évaluer. »

La fig. 4, extraite des *Annales des Arts et Manufactures* (t. XIX, 1804), donne les différents types d'expériences effectuées pour démontrer la valeur pratique d'une formule destinée à calculer la pression instantanée résultant d'un choc sur pilot. Or les expériences déconcertèrent l'expérimentateur anonyme et, en bon mathématicien, il en conclut qu'il fallait ajouter à sa formule un coefficient variable.

Pendant le XIXe siècle, la théorie admise au sujet de la pression résultant d'un choc, était celle qui avait été imaginée à la fin du XVIIIe siècle, en 1771, par l'Éspagnol don Georges Juan et dans laquelle on suppose que la résistance opposée au choc est constante ; or c'est une hypothèse inexacte et Poncelet ne manquait pas, lorsqu'il était amené à faire un semblable calcul, à mentionner que la loi de résistance était inconnue (2). En fait, actuellement, aucune formule, aucun principe ne permet de déduire, même approximativement la pression instantanée maximum résultant d'un choc donné ; il en résulte qu'en pratique industrielle il est impossible de calculer les sections des pièces résistant à des effets dynamiques ; on évalue par empirisme les dimensions de ces pièces, et on les modifie par des tâtonnements successifs. Il semble même qu'après avoir apporté une série de ces modifications plus ou moins heureuses, on considère impossible toute nouvelle amélioration et on admet assez facilement que la rupture prématurée des pièces soumises au choc, est la conséquence fatale et inéluctable de ce genre de fatigue ; ainsi les essieux de certains véhicules sont retirés du service lorsqu'ils ont fait un parcours déterminé, même s'ils n'ont pas d'apparence de détérioration.

Les mécaniciens n'ont pas cessé de se préoccuper de combler cette lacune dans nos connaissances techniques et de nombreuses tentatives ont été faites pour trouver la solution de cet important problème.

Ainsi récemment (27 octobre 1903), dans une note présentée à l'Académie des Sciences, un ingénieur distingué communiquait la formule suivante :

$$C = K P V$$

(1) De Cessart, *Description des travaux hydrauliques*. Paris, 1806, t. I, p. 154. *Expériences sur les effets de la percussion, effectuées à Saumur en 1762.*

(2) *Introduction à la mécanique industrielle par Poncelet*. 3e édition, publiée par M. Kretz, 1870, p. 172, § 167.

dans laquelle
C est la pression instantanée résultant du choc,
P est le poids en kilogs du corps tombant.
V est la vitesse d'impact, en mètres, par seconde,
K est un coefficient égal à 13,55.

Cette formule est la représentation des résultats obtenus dans diverses expériences effectuées en faisant varier le poids P et la hauteur de chute, mais en opérant toujours sur le même dynamomètre, c'est-à-dire en choquant toujours le même ressort ; or il est évident que si on avait changé le ressort, on aurait trouvé pour chaque ressort différent un résultat différent.

En un mot, si la formule est applicable au *cas spécial* où l'expérimentateur s'est placé, il est certain qu'elle n'est pas applicable aux cas généraux de la pratique et que son usage ferait commettre les plus grandes erreurs, ainsi que nous le verrons.

J'ai été conduit en 1897, à propos d'une étude sur le rivetage (1) à effectuer des expériences sur des crushers en fer chauffés à blanc, pour comparer les effets du choc et de la compression et mesurer le travail dépensé ; les résultats ont été condensés dans un graphique, mais je n'ai pas cru devoir donner la méthode de mesure parce que dans l'exécution des expériences je n'avais pu apporter une précision suffisante, tant pour évaluer exactement les températures, que pour enregistrer les diagrammes du travail, mes instruments étant trop imparfaits.

Cependant, la question reste constamment posée et la solution en devient de plus en plus urgente. Je crois donc utile d'exposer le principe qui m'a guidé dans mes recherches et conduit à un procédé de mesure de la pression maximum développée par un choc donné. Il ne s'agit en aucune façon d'une étude scientifique analogue à celle que poursuit la savante analyse de M. de Maupeou (2), mais d'une méthode empirique, d'une approximation assez grossière et dont le seul mérite est de fournir une solution rapide généralement suffisante pour les besoins industriels.

Mesure de la pression maximum instantanée produite par le choc d'un mouton sur un crusher.

Un crusher de plomb, ayant la forme d'un cylindre de révolution de 25 mm. de diamètre et de 33 mm. de hauteur, est d'abord écrasé statiquement sous une presse munie d'un appareil enregistreur du travail.

Cet écrasement statique est représenté par la courbe OC de la fig. 5. Les abscisses sont proportionnelles à la course du piston et, par conséquent, à la diminution de hauteur du crusher à chaque instant de l'essai ; les ordonnées mesurent les pressions correspondantes et l'aire du diagramme donne la quantité du travail dépensée pour obtenir un écrasement déterminé. A l'échelle choisie, 1 kilogrammètre est représenté par la surface du carré T.

(1) *Bulletin de la Société des Ingénieurs civils de France*, novembre 1897, p. 722.
(2) *Les théories du choc et l'expérience*, M. de Maupeou d'Ableiges.

Dans cette expérience, nous avons mesuré le travail moteur. Ce travail a produit la déformation du crusher, une compression élastique des pièces de support et une petite partie s'est perdue dans les frottements. Si nous négligeons les pertes, la déformation du crusher pourra être prise comme mesure du travail moteur.

Écrasons maintenant un second crusher, aussi identique que possible au précédent, par le choc d'un mouton de 10kg,250, tombant de 1 mètre de hauteur.

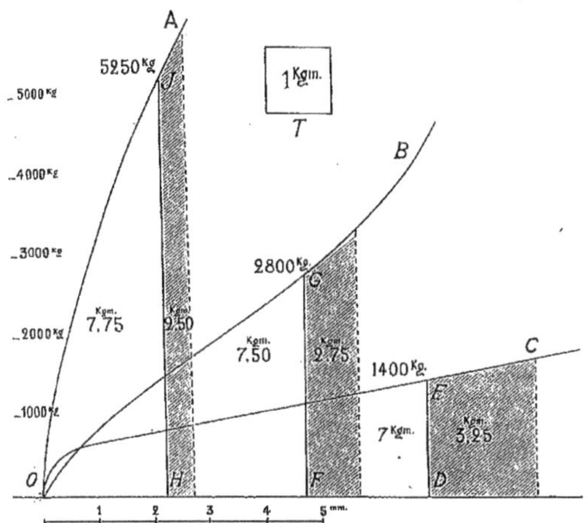

Fig. 5. — Mesure de l'effort maximum instantané résultant du choc d'un même marteau, tombant d'une même hauteur, successivement sur trois crushers différents A, B, C.

Le crusher a subi un certain écrasement. Nous le portons sous la presse, pour le soumettre à un écrasement statique consécutif. S'il n'avait pas subi de choc; on retrouverait la courbe O C; mais comme sa hauteur a été diminuée par le choc du mouton, le piston de la presse parcourt à blanc la partie de sa course équivalente à cette diminution et ne rencontre le crusher écrasé qu'au point D de l'axe des abscisses. Le piston éprouve alors une résistance ; la pression monte brusquement à la valeur D E ; puis, l'écrasement se continue et l'enregistreur décrit la courbe E C des charges par rapport aux raccourcissements.

On constate, et c'est là le fait important, que la courbe D C se superpose, à partir du point E, à la courbe O C obtenue dans l'essai statique. Nous en concluons que la partie O E de la courbe statique peut également représenter l'essai dynamique : elle nous fournit immédiatement l'effort maximum instantané subi par le crusher et le travail statique, correspondant à la déformation dynamique.

L'effort maximun instantané résultant du choc est ici l'ordonnée DE, soit 1.400 kg.

L'aire OED donne pour le travail statique correspondant à la déformation le chiffre de 7 kgm.; comme le travail moteur produit par la chute du mouton de $10^{kg},250$ tombant de 1 mètre est de $10^{kgm},250$, la perte occasionnée par l'ébranlement de la chabotte d'abord, du sol ensuite, etc., est de $3^{kgm},250$. Nous avons ainsi le rendement du travail du choc, en prenant comme unité le rendement du travail statique.

Des essais analogues ont été effectués sur des crushers en cuivre, de 8 mm. de diamètre et de 13 mm. de hauteur; l'écrasement statique de ce type de crusher est représenté par la courbe OB.

Le diagramme de l'écrasement statique d'un crusher semblable, mais préalablement soumis au choc du marteau de $10^{kg},250$ tombant de 1 mètre de hauteur, est représenté par la portion de courbe GB; l'ordonnée correspond à l'effort maximum instantané du choc préalable et indique que cet effort a été dans cet essai de 2.800 kg.

La quantité de travail nécessaire pour écraser statiquement ce crusher de cuivre de la même quantité que le fait le choc de $10^{kg},250$ est mesurée par l'aire du diagramme OFG; c'est $7^{kgm},5$.

Le travail disponible $10^{kgm},250$ a donc subi une perte de $2^{kgm},750$ par suite de l'ébranlement de la chabotte du mouton et du sol.

Une troisième série d'essais semblables aux précédents a été effectuée sur des crushers, encore en cuivre, mais de 15 mm. de diamètre et de 15 mm. de hauteur. Le diagramme de l'écrasement statique de l'un de ces crushers est représenté par la courbe OA.

Le diagramme de l'écrasement statique du crusher semblable, mais préalablement soumis au choc d'un marteau de $10^{kg},250$ tombant de 1 mètre de hauteur, est représenté par la portion de courbe JA; l'ordonnée HJ mesure l'effort maximum instantané du choc préalable; cet effort est de 5.250 kg. pour cet essai.

La quantité de travail nécessaire pour écraser statiquement ce crusher de cuivre d'une quantité égale à celle que produit le choc de $10^{kg},250$, c'est-à-dire l'aire du diagramme OHJ, est de $7^{kgm},75$.

Le travail disponible $10^{kgm},250$ a donc subi une perte de $2^{kgm},50$ par suite des vibrations de la chabotte et du sol.

En résumé, dans ces trois séries d'expériences, effectuées sur des crushers de nature et de dimensions différentes, mais avec le même mouton dont la chabotte pèse 600 kg., avec le même marteau de $10^{kg},250$ tombant de la même hauteur de 1 mètre, l'effort instantané maximum obtenu avec la même dépense de travail moteur, $10^{kgm},250$, a été de 1.400, 2.800 et 5.250 kg. respectivement. Il est évident qu'on obtiendrait un chiffre inférieur à 1.400 kg. en opérant sur un crusher dont la courbe efforts-déformations, à l'essai statique, serait située au-dessous de OC; et, au contraire, un chiffre supérieur à 5.250 kg. pour un crusher dont la courbe statique serait située au-dessus de OA.

Comme conclusion de ces essais, pour déterminer, dans la pratique industrielle, l'effort maximum instantané résultant d'un choc donné, on fera les opérations suivantes :

1° Sur une éprouvette identique à celle qui a été déformée dynamiquement, produire statiquement par le même mode d'essai, traction, compression, flexion, torsion..., une déformation au moins équivalente ;

2° Déduire du nombre de kilogrammètres employés dans l'essai au choc le tiers environ, si toutefois (ce qui serait préférable), le rendement n'a pas été mesuré par un essai direct ; les 2/3 restant représentent le travail réellement utilisé ;

3° Tracer sur le diagramme de l'essai statique l'ordonnée qui limite une surface équivalente au travail utilisé dans l'essai dynamique ;

4° Mesurer l'ordonnée maximum de la surface ainsi délimitée.

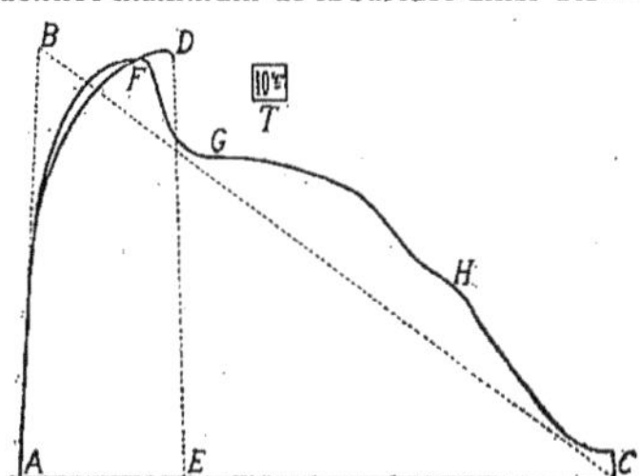

Fig. 6. — Diagrammes de poinçonnages d'une barre d'acier.

Cette ordonnée maximum mesure l'effort maximum instantané.

Elle ne coïncide pas forcément, comme il arrivait dans les cas d'écrasement examinés, avec l'ordonnée limite à la droite du diagramme.

Ainsi, dans le cas du poinçonnage par emporte-pièce, en opérant sur une barre d'acier de 25 mm. d'épaisseur (1) avec un poinçon de 25 mm. de diamètre, on obtient la courbe ADE si la contre-matrice a 31 mm. de diamètre et la courbe AFGHC si ce diamètre est de 26 mm. (fig. 6).

L'ordonnée maximum ne correspond pas au début de l'opération, comme le supposait Poncelet, quand il disait, dans une étude sur le poinçonnage au balancier (2) : « Nous admettrons, jusqu'à ce que l'expérience ait prononcé, que la résistance F est à chaque instant proportionnelle au contour C, à l'épaisseur E et au coefficient K représentant la résistance de l'unité de surface à découper, de sorte que nous aurons :

$$F = K\ C\ E. »$$

Dans cette hypothèse, le diagramme du travail serait le triangle ABC de la fig. 6 dont le côté AB serait l'effort maximum du début de l'opération et le côté AC l'épaisseur de la tôle à l'échelle des abscisses.

(1) Métal donnant à la traction 60 kg. de résistance par mm² et 23 0/0 d'allongement sur 20 cm.
(2) *Cours de Mécanique appliquée aux machines*, 1874, p. 510.

En fait, comme le montrent les courbes de la fig. 6, l'effort s'élève graduellement, passe par un maximum et s'abaisse ensuite, brusquement, si le jeu est grand entre le poinçon et la contre-matrice, progressivement si le jeu est plus faible; l'effort maximum est un peu plus grand dans le cas de la contre-matrice de plus grande ouverture, parce que la surface découpée est aussi un peu plus grande; il correspond au quart environ de la pénétration et non au début. La dépense utile est de 1.300 kgm. avec la petite matrice et de 450 avec la grande.

Si, dans une telle opération, effectuée par choc, on cherche l'effort maximum instantané, on voit, comme nous l'annoncions, que, sur l'aire obtenue en transportant le travail utile du choc sur le diagramme de l'essai statique, l'ordonnée limite pourra être très inférieure à l'ordonnée maximum, celle qui nous donne la mesure cherchée.

Dans mes expériences comparatives d'écrasement par compression et par percussion sur 3 types différents de crushers, dont les résultats sont donnés fig. 5, j'ai constaté que les crushers préalablement écrasés au choc donnaient,

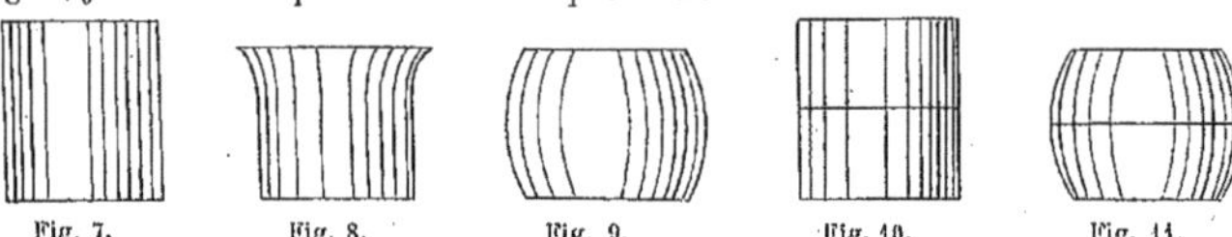

Fig. 7 à 11. — Divers modes de déformations des crushers soumis à la compression et à la percussion.

à l'écrasement statique consécutif, un diagramme se superposant au diagramme primitif obtenu par la compression, ce qui m'a permis d'établir une analogie entre la déformation statique et la déformation par le choc; mais cette analogie admissible pour la plus grande partie des cas qui se présentent dans la construction et dans la mécanique industrielle, pour lesquels cas la vitesse d'impact n'est pas très grande, n'est plus admissible quand cette vitesse d'impact atteint une certaine importance, parce que la déformation est alors très différente de la déformation statique à cause des phénomènes d'inertie.

Ainsi que je le rappelai dans une note antérieure (1), un crusher (fig. 7) écrasé par les chocs successifs d'un marteau se déforme en tulipe (fig. 8), tandis qu'écrasé statiquement sous une presse, il se déforme en tonneau (fig. 9) parce que ses deux faces planes subissent, pour glisser et s'étendre sur les plateaux, un frottement qui les empêche de s'épanouir autant que peut le faire le reste du cylindre.

On peut constater que c'est bien le frottement des bases sur les plateaux qui est la cause du moindre gonflement des extrémités du crusher ainsi écrasé en superposant deux crushers (fig. 10), car alors l'écrasement de l'ensemble s'effectue encore en forme de tonneau et les faces en contact des deux crushers correspondent cette fois au plus fort renflement (fig. 11).

Les phénomènes dus à l'inertie sont connus depuis longtemps.

(1) *Bulletin des Ingénieurs civils de France*, novembre 1897, p. 723 à 726.

Au XVIIe siècle, Mariotte dans son *Traité de la percussion* signale ces phénomènes de déformation dus à l'inertie :

« On peut remarquer qu'un corps, quoique peu pesant, résiste beaucoup à prendre une grande vitesse tout à coup. On en voit l'expérience en suspendant horizontalement un couteau pointu ; car si quelqu'un en tenant à la main une assiette d'étain, la pousse sans la lâcher, contre la pointe du couteau avec une grande force, ce couteau entrera dedans et la percera ; ce qui n'arriverait pas, si le couteau cédait facilement au choc ; et si on tire un mousquet contre une girouette, en sorte que la balle la rencontre vers son milieu, elle la percera ; parce qu'il est moins difficile d'en rompre et détacher quelques parties les unes des autres, que de la faire mouvoir toute entière avec une très grande vitesse tout à coup. »

De Lahire, dans son *Traité de mécanique* (1695) cite (page 294) diverses expériences analogues :

« Comme si l'on pose un bâton sur le bord de deux verres et en frappant un très grand coup sur le milieu du bâton on le rompt sans que les verres se cassent, etc. »

Mesure de la pression maximum instantanée produite par le choc sur un corps élastique.

Quand un corps élastique tombe d'une certaine hauteur sur un autre corps élastique, il rebondit mais ne remonte jamais à son point de départ, même lorsque les deux corps choqués n'ont subi aucune déformation permanente.

Au XVe siècle, Léonard de Vinci a noté dans ses manuscrits :

« Le second coup de la balle s'élève au tiers de la hauteur du premier et de même le troisième bond s'élève au tiers de la hauteur du second. »

La perte de force vive est donc, dans ce cas, des deux tiers ; elle est due à plusieurs causes, les unes de peu d'importance, comme la résistance de l'air, d'autres très importantes au contraire, comme les ébranlements du sol.

Pour évaluer, au moins approximativement, la valeur des pertes importantes, j'ai effectué quelques essais sur un mouton qui me sert habituellement aux essais de fragilité des métaux.

Ce mouton a une chabotte d'environ 600 kg, un marteau de 15 kg. et une hauteur de chute possible de 4 m.; deux ressorts en acier trempé, logés dans la chabotte, peuvent recevoir le choc du marteau et le faire rebondir. Quand ce marteau tombe de 4 m., il possède une force vive de $15 \times 4 = 60$ kgm. et rebondit à 1^m,35 environ, puis à 45 cm. et enfin à 15 cm. ; ces bonds correspondent donc à ceux de la balle signalés par Léonard de Vinci. (Il y a là une simple coïncidence, parce que la hauteur du bond peut varier en changeant certaines conditions, par exemple en opérant le choc sur des ressorts plus durs, le marteau rebondit plus haut.)

Dans cette expérience de choc, les deux ressorts ont fléchi exactement de 30 mm.

Le diagramme de l'écrasement statique de ces ressorts est une droite parce que l'effort est proportionnel à l'affaissement, et leur tarage indique un effort de 44, 45 kg. par millimètre d'écrasement.

L'effort maximum instantané du choc précédent est donc de

$$44,45 \text{ kg.} \times 30 \text{ mm.} \times 2 = 2.670 \text{ kg.}$$

et la quantité de travail emmagasinée par les deux ressorts est de

$$\frac{2.670 \text{ kg.} \times 0^{m},03}{2} = 40 \text{ kgm.}$$

Dans ce choc, le travail disponible était de 60 kgm. (15 kg. × 4 m.); le travail utilisé par l'écrasement des ressorts étant de 40 kgm. il y eut une perte de travail par ébranlement de la chabotte, du sol, etc., de 20 kgm. soit un tiers du travail moteur.

Le bond n'a restitué que 20 kgm. soit le second tiers du travail moteur; il reste donc à expliquer la cause de perte du troisième tiers du travail moteur.

Or, en se détendant, les ressorts chassent le marteau. Au fur et à mesure que le marteau acquiert de la force vive, celle des ressorts diminue et à un moment donné le marteau continue son ascension avec une vitesse plus grande que celle que possèdent alors les ressorts; il n'y a plus contact, il reste une quantité importante de force vive dans les ressorts et ceux-ci bondissent à leur tour; pour éviter leur projection, il faut les maintenir par d'autres ressorts antagonistes qui amortissent le travail produit par cette projection.

Le choc d'un corps élastique, sans déformation permanente, produit une pression maximum instantanée qu'on peut déterminer sur le diagramme de la flexion élastique statique de ce corps.

De la quantité de force disponible, on retranche la quantité évaluée pour la perte par ébranlement des masses, du sol, etc., et on trace sur ce diagramme la quantité de kilogrammètres qui reste ainsi disponible pour le travail utile; l'ordonnée maximum donne la mesure de la pression instantanée cherchée.

Réciproquement on peut calculer la quantité de travail nécessaire pour effectuer un travail mécanique quelconque en employant le choc, en ajoutant à la quantité de travail indiquée par le diagramme, la quantité de travail perdue par l'ébranlement des masses; dans le doute il suffit de faire une expérience sur les crushers.

L'ordonnée maximum de l'aire ainsi limitée sur le diagramme donnera la mesure de l'effort maximum instantané du choc, mesure dont la connaissance est nécessaire pour établir, par le calcul, les dimensions des pièces destinées à recevoir ce choc.

Je vais montrer par l'application de ce principe de calcul au crochet de traction et à un arbre à manivelle, que les résultats conduisent à des solutions nouvelles.

Crochet de traction des chemins de fer. — Les dimensions des pièces d'attelage des véhicules sont calculées pour résister à un effort de traction très supérieur à l'effort statique qu'elles supporteront en service. Ainsi un crochet de traction a une limite élastique presque double et une résistance à la rupture presque quadruple de l'effort maximum de traction exercé par une locomotive et cependant on constate quelquefois des ruptures d'attelages et très souvent des déformations permanentes assez importantes pour en nécessiter le remplacement.

Les causes de ces déformations permanentes et de ces ruptures sont dues à des chocs produits par des démarrages brusques, ou par l'action des freins.

Les chocs prennent de plus en plus d'importance par suite de l'augmentation du trafic : plus grand nombre de wagons par train, plus gros poids, plus grandes vitesses, etc.; aussi le nombre de crochets réformés augmente continuellement et les compagnies de chemins de fer sont conduites à renforcer les dimensions de ces pièces et même à les fabriquer en acier forgé.

Dans leurs calculs pour ces modifications, les ingénieurs des compagnies de chemins de fer ont supposé que ces crochets avaient à résister, pendant le choc, à un effort statique plus élevé que ne comportait leur propre résistance statique et ils en ont conclu que cette résistance étant insuffisante il fallait nécessairement renforcer les sections et même employer un métal plus résistant que le fer.

Or il y a là une confusion : *un effort dynamique ne s'équilibre pas*, on ne peut que l'absorber soit par une déformation élastique, soit par une déformation permanente ou à la fois par ces deux sortes de déformations et cela en vertu du principe de la conservation de l'énergie. Au début des chemins de fer, les attelages se composaient d'un crochet et d'une chaîne pour réunir les crochets de deux véhicules ; sous l'effet des chocs, ces attelages s'arrachèrent et se brisèrent ; on fut donc conduit à *amortir* ces chocs par l'emploi de ressorts.

Or si nous appliquons, à titre d'exemple, le calcul de la distribution du travail d'après le principe décrit, nous aurons à tracer le diagramme du travail du ressort (1) puis celui du crochet.

La figure 12 donne ces diagrammes pour un attelage dans lequel le ressort a une compression initiale de $2^t,2$ et une compression maximum de $5^t,5$ après une course de 30 mm.; le crochet de traction a une limite élastique de 17 tonnes, une résistance maximum de 30 tonnes et une résistance vive à la rupture d'environ 600 kgm., lors de sa mise en service et par conséquent préalablement aux déformations consécutives à certains chocs.

Le ressort, pour être bloqué, absorbe 115 kgm. de travail ; le crochet de traction a, jusqu'à sa limite élastique, une résistance vive élastique de 15 kgm. ; si la quantité de travail supportée par ce crochet dépasse ces 15 kgm., il y a une première déformation permanente.

La limite élastique du crochet dépasse alors 17 tonnes et la résistance vive non élastique primitivement de 600 kgm. est diminuée de la quantité de travail correspondant à cette première déformation permanente; et il en est ainsi pour chaque nouvelle déformation permanente subie par le crochet de traction.

Or, presque toujours les chocs supportés par l'attelage sont absorbés par

(1) Pour être complet le diagramme devrait tenir compte de l'élasticité du châssis et notamment de la traverse; mais pour un exemple schématique, j'ai cru préférable de simplifier, le résultat final restant le même.

l'ébranlement du châssis et une compression plus ou moins importante du ressort, mais il arrive parfois que la quantité de travail à amortir dépasse la résistance vive élastique ; c'est alors au crochet de traction de céder, et une petite quantité de travail à absorber, en plus de celle qui peut être amortie par l'élasticité du ressort et du châssis, fait de suite augmenter très sensiblement l'effort instantané maximum résultant du choc ; ainsi dans l'exemple donné, une quantité supplémentaire de 15 kgm. suffit pour faire monter l'effort de traction de 5t,5 à 17 tonnes. Si le choc est plus fort, la limite d'élasticité du crochet est dépassée,

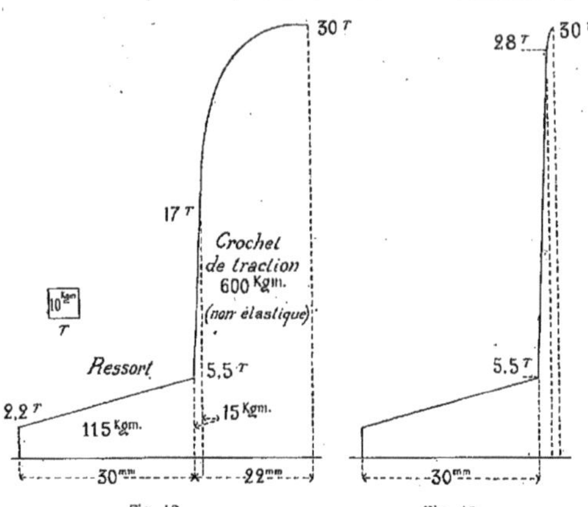

Fig. 12. Fig. 13.

Fig. 12 et 13. — Diagrammes de la résistance statique d'un attelage de wagon de chemin de fer.

il y a déformation permanente plus ou moins importante et chaque nouvelle déformation permanente s'ajoute aux précédentes et le crochet de plus en plus déformé cède enfin brusquement à un dernier choc qui exige une résistance vive supérieure à celle qui reste disponible (fig. 13) ; l'effort maximum instantané résultant de ces chocs atteint 25t, 30t et plus : les traverses se brisent.

On a parfois constaté, à la suite d'un fort choc ayant produit la rupture d'un attelage, que le véhicule avait continué à être remorqué par une seule des chaînes de sûreté ; la cause est, que l'effort dynamique du choc avait été absorbé par la déformation jusqu'à rupture de l'attelage et que la traction du véhicule s'est ensuite effectuée sous un effort statique de traction ordinaire, environ 8 tonnes.

Un ressort de traction capable d'amortir par sa résistance vive élastique un choc de 115 kgm. peut amortir les chocs ordinaires, ceux qui se renouvellent à chaque instant, mais il est insuffisant pour amortir des chocs plus importants qui se produisent encore relativement souvent ; et la preuve de l'existence et de l'importance de ces chocs plus forts, c'est que la plus grande quantité des crochets de traction subissent après un certain temps d'usage une déformation permanente plus ou moins importante, que beaucoup de ressorts sont déformés ou rompus et enfin que les traverses des châssis sont souvent brisées.

A priori, le renforcement des crochets de traction paraît logique, puisque ces pièces cassent souvent en service ; mais en réfléchissant on constate qu'il y a confusion, car on cherche ainsi à augmenter seulement la résistance maximum à la traction, comme si le crochet devait être capable d'*équilibrer* un effort plus grand ; et le but qu'on se propose est tellement bien là, que, dans les cahiers des charges, on ne détermine pas l'allongement minimum que doivent pouvoir supporter les crochets avant de se rompre, afin d'assurer, en réserve, une quantité de résistance vive de déformation *permanente*, pour parer à une rupture dans un choc important ; on se contente d'imposer une résistance minimum à la rupture qu'on augmente progressivement. Une autre preuve de cette confusion actuelle, c'est qu'on tend à *diminuer* la résistance vive élastique des ressorts ; ainsi dans beaucoup de nouveaux wagons on a remplacé les grands ressorts à lames par des ressorts coniques en spirale, moins encombrants, moins coûteux, mais plus faibles, ce qui explique l'augmentation des avaries du matériel.

Or les chocs augmentent d'intensité, on diminue la résistance vive élastique disponible et, par l'augmentation de section des nouveaux crochets, on oblige le matériel à subir des efforts instantanés de 40 à 50 tonnes.

Il est donc indispensable de faire tout le contraire, c'est-à-dire d'augmenter la résistance vive élastique des ressorts ; peut-être même, pour atteindre ce but pourra-t-on utiliser à la fois, pour les tampons de choc et pour les crochets de traction, le même ressort, ou le même assemblage de ressorts travaillant alternativement dans un sens ou dans l'autre.

Arbres à manivelles. — Certaines pièces de mécanique reçoivent des chocs qui ne peuvent être amortis par des ressorts interposés. Il faut rendre ces pièces suffisamment élastiques pour que le travail produit par le choc puisse être entièrement absorbé par la résistance vive élastique de la pièce ; si cette pièce est insuffisamment flexible, il y a, à l'occasion de certains chocs, des déformations permanentes qui vont en s'ajoutant, la pièce se fissure et sa détérioration augmente graduellement et oblige à la remplacer.

La manivelle des arbres de machines, pompes, etc., les essieux coudés des locomotives et autres pièces analogues, reçoivent en service des chocs d'intensités variables ; quelques-uns de ces chocs produisent des déformations permanentes ; il y a donc le plus grand intérêt à augmenter la résistance vive élastique de ces pièces. Jusqu'ici il semble qu'il y a eu la même confusion que pour les crochets de traction ; on a en général augmenté la section des pièces, comme si celles-ci devraient résister à un effort statique, mais on ne paraît pas avoir cherché à augmenter la résistance vive élastique ou, si des essais ont été tentés, ils n'ont pas dû donner satisfaction, car au contraire on a en général augmenté les flasques ou côtés de la manivelle de façon à rendre cette partie indéformable.

Ainsi pour les essieux coudés de locomotives, on donnait autrefois la forme de section constante aux flasques A et A de la manivelle (fig. 14) ; dans le but d'augmenter la résistance statique on a augmenté la section des flasques et on leur a même donné la forme circulaire (fig. 15), augmentation qui a rendu ces pièces indéformables et on a fait de simples organes de transmission des efforts dynamiques, ceux-ci se trouvant localisés dans l'angle de la soie et de la flasque de la manivelle sur une faible quantité de métal dont l'allongement élastique est

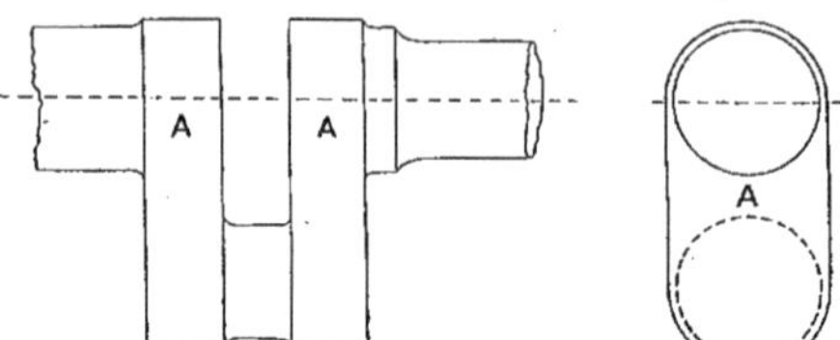

Fig. 14. — Essieu coudé de locomotive, ancienne forme de la manivelle.

insuffisant pour absorber tout le travail dynamique des chocs importants ; aussi y a-t-il déformation permanente locale et, après une quantité suffisante de répétitions de ces chocs, une fissure qui va grandissant.

C'est évidemment le contraire qu'il faut faire ; au lieu de localiser l'effort dynamique en le faisant porter sur un point, il faut répartir l'effort de flexion sur

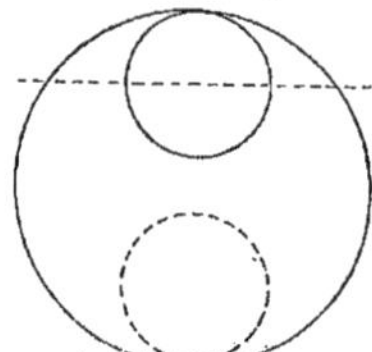

Fig. 15. — Manivelle à flasque circulaire, indéformable.

la plus grande quantité possible de métal et lui donner la plus grande flèche possible sans atteindre la limite élastique du métal.

Pour obtenir ce résultat il faut donner à la manivelle une forme spéciale représentée schématiquement par la fig. 16. La partie comprise dans les flasques, entre la soie et l'arbre, est évidée pour reporter latéralement et en 2 parties A, A la flasque qui a ainsi une longueur H beaucoup plus grande que la longueur primitive h ; cet écartement des points d'appui du solide fléchi A, A donne une plus grande flèche possible tout en restant en dessous de la limite élastique. Cette flèche possible est encore augmentée en donnant à ces parties de flasques A, A, la forme de *solides d'égale résistance* ; on sait en effet qu'un solide d'égale résistance à la flexion donne, toutes choses égales, une flèche double de celle que donne le solide à section constante.

En résumé on obtient une résistance vive élastique des flasques des manivelles d'autant plus grande qu'on allonge les flasques en les plaçant latéralement

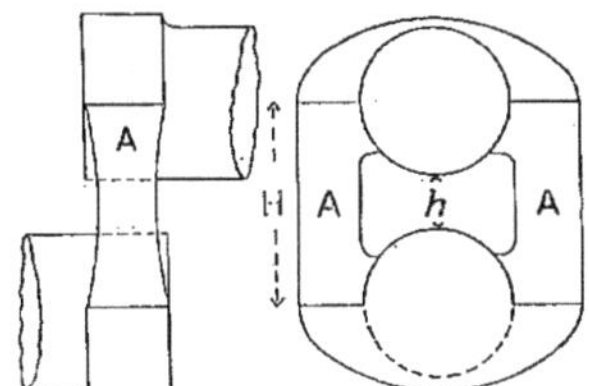

Fig. 16. — Nouvelle forme de manivelle à flasques élastiques.

à l'arbre et à la soie de la manivelle et en leur donnant la forme du solide d'égale résistance.

CONCLUSIONS

L'application dans la pratique industrielle de ce nouveau principe de répartition de la quantité de travail dynamique disponible, suivant la surface du diagramme statique correspondant, en admettant l'analogie, sinon la similitude absolue, entre les deux systèmes de déformations statique et dynamique, permet :

1° D'évaluer avec une approximation suffisante l'effort maximum instantané résultant d'un choc donné et par suite de calculer les sections des pièces métalliques des machines, des constructions ; etc. soumises à des efforts dynamiques connus ;

2° De déterminer la quantité de travail dynamique nécessaire pour produire un travail utile de déformation par choc, comme celui de l'estampage ;

3° De constater si le travail disponible sera totalement absorbé par la résistance vive élastique de la pièce ou quelle quantité de ce travail disponible produira une déformation permanente et même s'il y aura rupture ;

4° De modifier les formes et les dimensions des pièces métalliques qui se déforment à l'usage, en augmentant leur résistance vive élastique en connaissance de cause.

(Extrait de la *Revue de Métallurgie*, Vol. I, n° 6, Juin 1904.)

www.ingramcontent.com/pod-product-compliance
Ingram Content Group UK Ltd.
Pitfield, Milton Keynes, MK11 3LW, UK
UKHW021152230726
13926UKWH00001B/71